U0277698

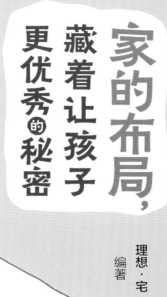

家的布局，藏着让孩子更优秀的秘密

理想·宅

编著

人民邮电出版社

北京

图书在版编目（CIP）数据

家的布局，藏着让孩子更优秀的秘密 / 理想·宅编
著. -- 北京 ：人民邮电出版社，2024. -- ISBN 978-7
-115-65043-6

I. TU241.02

中国国家版本馆 CIP 数据核字第 2024UQ2063 号

内 容 提 要

　　本书分为 5 章，给出了能让孩子变得更加独立自主、自信大方的家居布局方案。本书内容贴近实际需求，用通俗易懂的文字结合轻松有趣的漫画来呈现，并用实际案例为读者提供灵感或经验。读者可以根据实际情况将这些灵感或经验应用到家居布局中，让孩子拥有更加幸福的童年。

　　不论是室内设计师还是普通业主，都可以通过本书了解家居布局对孩子的影响，为孩子创造健康、安全的生活环境。

◆ 编　　著　理想·宅
　　责任编辑　王　冉
　　责任印制　陈　犇
◆ 人民邮电出版社出版发行　　北京市丰台区成寿寺路 11 号
　　邮编　100164　　电子邮件　315@ptpress.com.cn
　　网址　https://www.ptpress.com.cn
　　天津市豪迈印务有限公司印刷
◆ 开本：690×970　1/16
　　印张：10　　　　　　　　　2024 年 11 月第 1 版
　　字数：139 千字　　　　　　2024 年 11 月天津第 1 次印刷

定价：59.00 元

读者服务热线：(010)81055410　印装质量热线：(010)81055316
反盗版热线：(010)81055315
广告经营许可证：京东市监广登字 20170147 号

前言

　　孩子从降生的那一刻开始，便是整个家庭的牵挂。父母会努力地为孩子准备他们能提供的最好的东西，比如房间、用具、衣服、食物……每一个孩子都是被父母宠爱着的小天使。父母希望孩子健康成长，也希望孩子变得更优秀。

　　但如何创造一个既让孩子喜欢，又能让孩子变得独立、聪明的家呢？一些父母认为只要给孩子一个朝南的、安静的、采光好的房间，就能让孩子安心学习。类似这样的错误想法其实还有很多。本书从孩子成长的角度考虑，希望通过家庭氛围和空间布局维护孩子的身心健康，让他们更加优秀。因此，本书给出了一些有益于孩子成长的建议，读者可以根据实际情况，将这些经验应用到家居布局中。

　　本书通俗易懂、图文并茂，对有利于孩子成长的家居布局进行介绍，为读者详细分析家居布局对孩子行为习惯的影响。本书中虽然给出了很多改善空间布局的方法，但其实最想传递给大家的思想是"重视沟通"。在家庭中，孩子可以通过和家人的沟通来提升思考和表达能力。基于这一点，父母便需要对家居布局进行设计，使其为亲子沟通提供方便，让孩子的思考和表达能力在家里就能得到锻炼。

　　书中的平面图和手绘图为示意之用，实拍图为业主装修结果，并非完全对应。

理想・宅

目 录

第一章 打通空间促进亲子沟通，培养"受欢迎的孩子"

　　有孩子的家庭常会被一个问题所困扰，那就是无法时刻看到孩子在做什么。大人在厨房做饭时，看不到在客厅的孩子，所以需要时不时从厨房出来看一眼，确定孩子的安全；大人在书房工作时，看不到孩子在做什么，所以总是要打断思路走出书房，确认孩子的动向……这样就导致大人必须时刻围着孩子转，必须在一个空间里活动，大人无法做其他事情，而孩子也会缺乏独立自主性。

　　要解决这个问题，可以尝试将空间打通，减少实墙阻隔。试想一下，当大人在厨房能一眼就看到在客厅玩耍的孩子，是不是会更放心地做饭？当大人在书房工作时能直接看到孩子在房间熟睡，是不是能更安心地做自己的事情？打通空间，表面上看是拆除厚重沉闷的实墙，创造开阔的视野，实际上也是让孩子每时每刻都能感受到大人的存在与陪伴，这种陪伴会带来安全感，让孩子有更稳定的情绪。

1.1 边做菜边互动，提高孩子的安全感和幸福感

　　传统的厨房都是封闭式的，常常与餐厅分隔开，两个空间虽然相邻，但是当家庭成员分别在两个空间时很少会有交流，因为在厨房炒菜时要背对着餐厅，如果要沟通的话需要走出厨房。当大人因为忙于家务而未与孩子沟通时，孩子很可能会产生被忽略的感觉，从而失去安全感。

传统推拉门虽然能隔绝油烟，但也阻碍了亲子交流。

◆ **传统的餐厨空间**
　　U形布局没有问题，但设施的位置导致家长在做菜的大部分时间里只能背对着餐厅。

① **全开放式厨房，解决做家务与陪伴的冲突**

如果将厨房与餐厅打通，变成全开放式厨房，并且改变厨房内橱柜的布局，再将餐桌旋转 90°，那么，两个空间里的家庭成员就能够看到彼此，交流起来更方便了。

如果不喜欢全开放式厨房，可以考虑采用多轨道玻璃移门。

◆ 现在的餐厨空间

同样采用 U 形布局，家长与孩子却能彼此交流，关键在于厨房内橱柜布局的改变及餐桌位置的调整。

② "可分可合"的全开放式 厨房解决油烟大的难题

考虑到油烟大的问题，全开放式厨房可以采用"可分可合"的餐厨一体化设计。"可分可合"的餐厨一体化设计，关键在于采用多扇多轨道的玻璃移门，它没有传统玻璃推拉门只能开一半的缺点，可以在不使用厨房时完全打开。

餐厅和厨房之间没有隔墙，只用玻璃移门作为隔断，平时可以将其全部推向一侧，形成开放的餐厨空间，炒菜时关上即可。

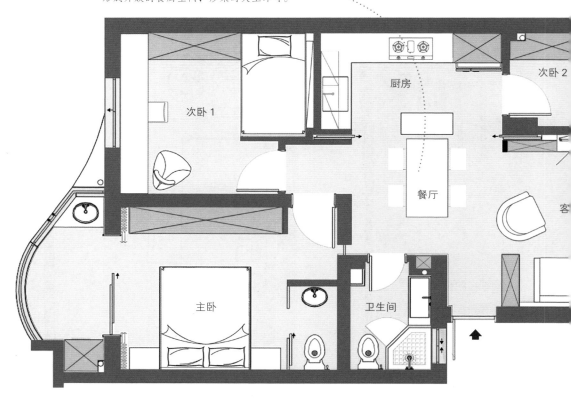

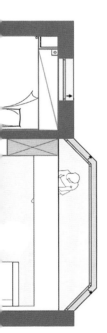

　　岛台、餐桌结合，既可以用来备餐，又可以作为孩子的手工台，大人在岛台烹饪时也能与孩子交流、沟通，照顾孩子。餐厨既为整体也可各自独立，两者之间的隐藏式玻璃移门可分可合。

　　水槽、灶台与岛台之间形成微洄游布局，创造了流动感。微洄游布局不仅使烹饪更有趣，而且打破了原本封闭的空间，给人开阔自由的心理感受。

更多一体化空间参考

　　客餐厨一体的开放式格局让家庭成员有更多的交流机会，孩子在客厅玩耍的动态，大人也可尽收眼底。这样一来，大人做家务时既能保证孩子玩耍时的安全，又不会打扰孩子的活动。

在岛台旁边设置餐桌，可让孩子协助大人完成简单的厨房家务，这样全家都能享受烹饪的乐趣。

从厨房就能看到餐厅，这两个空间相互交融，玻璃移门让在厨房的大人能看到在客厅活动的孩子。

1.2 半开放式儿童空间，感受彼此的存在，兼顾独处与沟通需求

大部分家庭都会设置一间独立的儿童房，以便孩子能集中精力学习，但独立的儿童房对于年龄较小的孩子来说并不实用，大人也不放心让孩子在自己看不到的地方活动，生怕孩子会有危险，这导致了儿童房的闲置。孩子可以独立活动后，若总是待在自己的房间中，减少与家人的沟通，可能会影响孩子的身心健康。所以将儿童房改成半开放式的布局，让其内部情况一目了然，大人在厨房做饭时、在客厅收拾时、在餐厅工作时，都能在不打扰孩子的情况下掌握孩子的动向，孩子也能感受到家人的存在，更安心地在房间里独处。

玻璃代替实墙，创造可视的儿童空间

半开放式儿童空间最简单的设计方法就是将房门改为透明或半透明的材质，如亚克力或玻璃，这样一来，即使关上房门也能够看到房间里面。

不想用墙围住孩子，可以试试更通透的方式

墙

封闭

墙上开窗　　　玻璃移门　　　完全无墙

开放

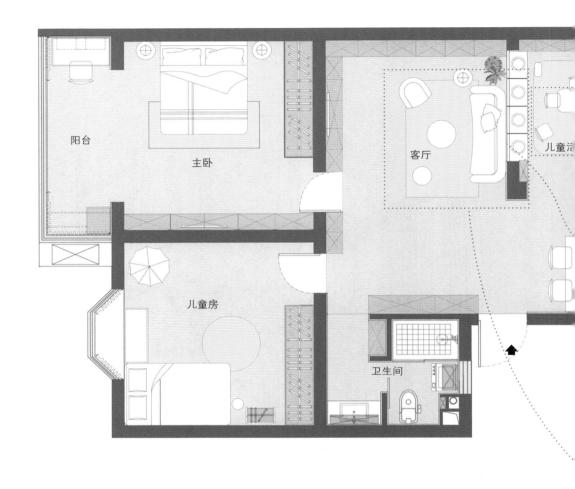

阳台

主卧

儿童房

客厅

儿童活

卫生间

客厅和儿童活动区用一整块玻璃分隔，既能让客厅采光更充分，也能让客厅和儿童活动区具备很强的亲子互动性，大人坐在客厅就可以观察到孩子的活动。

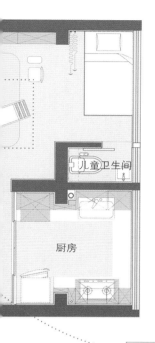

把原本封闭的书房改造成半开放式的儿童活动区，并在角落打造了一个儿童卫生间，这样孩子就有了一个属于自己的空间。

儿童卫生间

厨房

玻璃隔墙

更多半开放式儿童空间参考

二楼舍弃隔间，以折叠门灵活地分隔出儿童房与游戏室，宽敞的空间能让孩子尽情组装火车轨道，这反映了大人希望孩子不被特定框架所局限，能保持童真，尽情探索和发挥想象的教育理念。整体布局较空旷，为未来的进一步规划保留了可能性。

工作区与儿童房通过水纹玻璃分隔，这在保护大人和孩子的隐私的同时又能让双方感受到彼此的存在，大人认真工作的样子可以让孩子静下心来学习。

　　大人可以通过墙上的窗户观察孩子的动向，孩子也能感受到大人的存在，这样既能使双方更加安心，又能增强孩子的自主性。

1.3 合并空间，营造轻松氛围，使孩子从小拥有乐观心态

空间一体化的优点包括布局灵活、视野开阔、采光和通风良好。打通客餐厨后，中间没有了厚重的墙体，整个空间看上去会更大。另外，墙体和门的存在会在无形中为家庭成员间的交流增加障碍。空间一体化设计不仅改变了传统的空间布局，还有效降低了分区间的视觉隔离程度，减轻了距离感，实现了分区间的连通。一体化的空间可以让大人随时看到孩子，同时也便于孩子及时与大人沟通，从而获得安全感。即便有时候看不到对方，但厨房里的切菜声、客厅里的电视声、餐厅里的玩耍声等都能让家庭成员互相感知到彼此的存在，在这种环境下，孩子从小就能获得充足的内在力量，这有助于培养其面对挫折时保持乐观、积极心态的能力。

如果家庭成员不多，也不需要经常招待客人，则设计一个与橱柜台面相连的吧台就足够了，它代替了传统的餐桌，最大限度地节省了空间。

1 客餐厨一体化

拆除餐厅和厨房之间的隔墙，打造一体化空间，
让空间看起来更大。客厅的光线能直达餐厅或厨房，
使整个空间更加明亮。

厨房被打通后，原本无法到达厨房的
光线现在能毫无阻碍地充满整个空间。

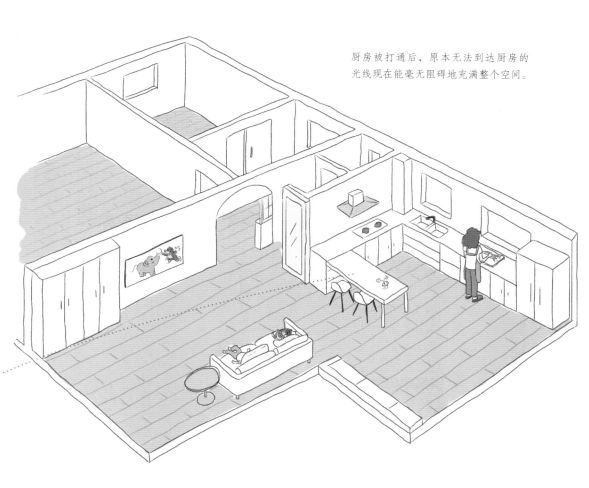

主卫

主卧

多功能室

次卫

次卧 1

次卧 2

厨房

客餐厅

阳台

玄关

洗衣区

　　客厅与餐厅相连，空间得到延展。用玻璃门分隔厨房与客餐厅，使家庭成员能看到厨房内的情形。餐桌不仅大而且功能多——除用于吃饭外，还能用于办公、画画及写作业等，实用性极强。

　　阳台与客厅打通，孩子拥有超大的活动空间。同时，不摆放茶几能避免其切割空间，从而进一步增强空间的通透感。

② 客餐书一体化

如果接受不了开放式厨房或户型不允许打通厨房、客厅和餐厅，也可以考虑客厅、餐厅和书房的一体化。传统观念认为房间越安静越有利于孩子集中注意力和提高学习效率，但是也有些孩子更习惯在偶尔有声响的环境中学习或玩耍，而不是把自己封闭在房间里。所以，如果家里有书房，不妨考虑让它与外部空间融合。

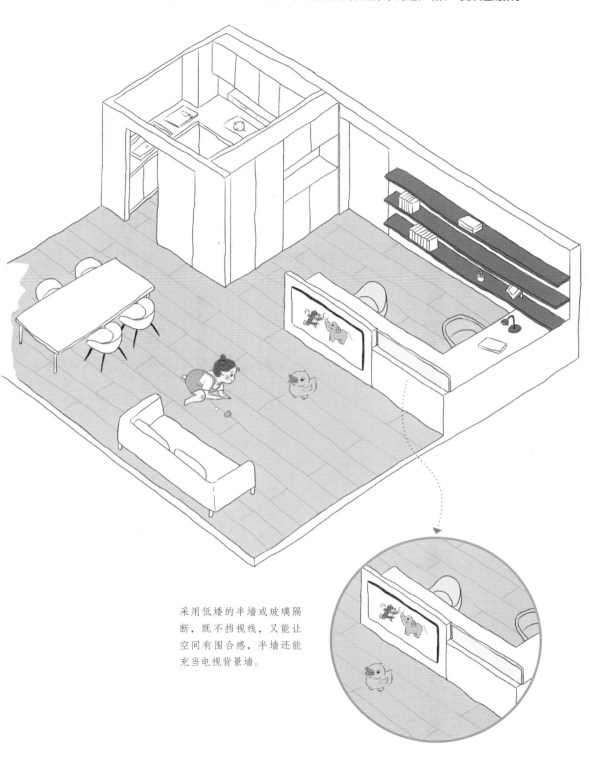

采用低矮的半墙或玻璃隔断，既不挡视线，又能让空间有围合感，半墙还能充当电视背景墙。

主卧

卫生间

淋浴间

次卧

书房

卫生间

淋浴间

餐厅

客厅

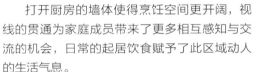

打开厨房的墙体使得烹饪空间更开阔，视线的贯通为家庭成员带来了更多相互感知与交流的机会，日常的起居饮食赋予了此区域动人的生活气息。

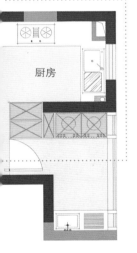

厨房

书房位于公区与私区的中间，与客厅相连。这里可供孩子读书，也可供孩子练琴，大人即使在客厅或餐厅也能听到孩子的读书声或练琴声，而且不会打扰到孩子。

更多合并空间参考

　　整合客厅、餐厅和厨房，将来自大露台的光线一路引入公共区域。沙发后面的桌子非常长，可供大人与孩子同时使用，大人的电脑、孩子的画画用具都可以放下。整个公共区域都是开放的，家庭成员之间不必开口就能知晓对方的动态，孩子也可以尽情地玩耍而不用大人时刻关注。

　　把与客厅相邻的一间小卧室打通，利用定制的沙发和承重墙做简单的隔断，再在小卧室的承重墙前放一张书桌，将其改成一间开放式的书房，这样两个空间就合并成了一个十分大气的横厅格局。

　　将客厅、餐厅和厨房合并到一起，并在客厅和厨房之间用餐桌过渡，这样不仅不会浪费空间，而且从厨房到餐桌的距离很短，上菜很方便。平日里餐桌还可以充当孩子做作业的书桌，这样不论大人在客厅还是在厨房，都可以及时掌握孩子的动态。

1.4 儿童房和主卧连通，塑造安全依恋关系

对于孩子而言，与父母建立起安全的依恋关系十分重要，这有助于他们自信心的建立，从而更愿意探索世界，并更容易在人际交往中有更出色的表现。因此，可以尝试将儿童房与主

改造前，从主卧到儿童房需要穿过整个家庭活动区，距离远，且不能互相看到房间内部情况，孩子容易感到不安。

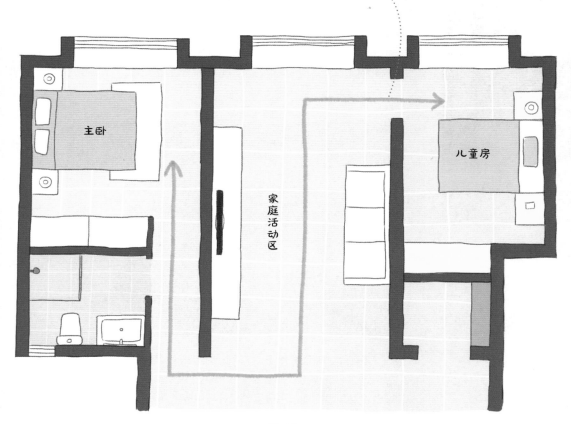

改造前

卧连通，缩短儿童房与主卧之间的距离，从而让孩子即使在独立的空间内也能安全感满满。这样的连通设计，不仅方便父母照顾孩子，而且未来孩子离开家后，儿童房还可以成为主卧的套间，不会造成房间的闲置。如果感觉私密性不够，可以在主卧与儿童房之间设置儿童专属门洞，并调整儿童房的布局，这样既不会影响正常出入，又能让孩子有更多乐趣，非常有意思。

设置儿童专属门洞后，主卧到儿童房的距离变短了，并且孩子可以很方便地从客厅回到自己的房间或去往父母的房间。

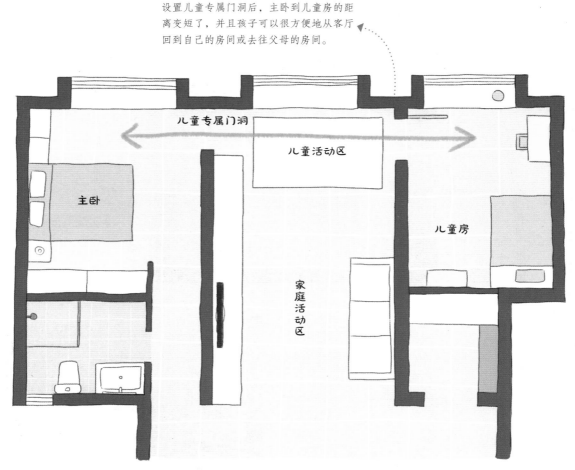

改造后

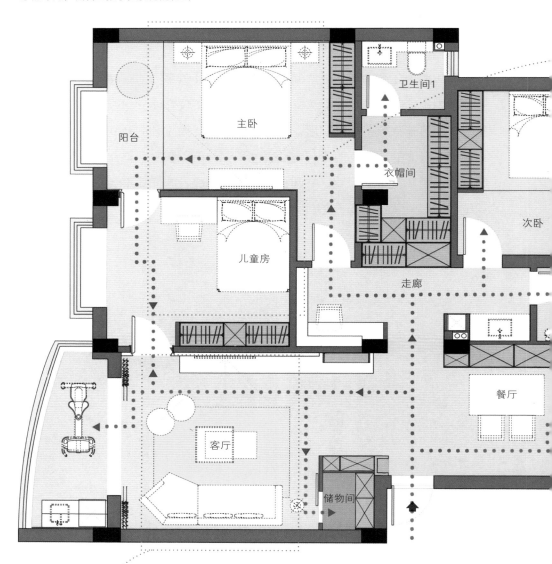

儿童房的一个门直通
客厅，门和电视背景墙采
用 KD 板进行了一体化处
理，使得门关闭时看不出
来这里有个门，这样孩子
每次回房间时都会有一种
探索的乐趣。

　　之所以为儿童房设计了两个门，是因为原户型中，主卧的门和儿童房的门距离比较远，在主卧的背景墙上设计了一个通向儿童房的门，可以方便大人夜里照看年幼的孩子。等孩子长大后，需要保护自己的隐私时，可以将这道门锁起来。

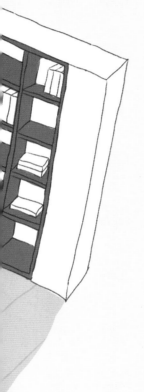

第二章 提高孩子自主性的 6 种空间布局方法

　　"比起被动接受教育，孩子们在进行主动创造时，其学习效果会达到最好。"这是西摩·佩珀特（Seymour Papert）教授的教育理论，这句话指出了培养孩子自主性的重要性。很多父母已经意识到了这一点，并开始有意识地培养孩子的自主能力。但是在生活中，我们还是能发现在一些家庭里：孩子去上厕所，大人会跟着；孩子自己在房间画画，大人总会时不时进去看看；卫生间地太滑，所以每次都是大人帮孩子洗手……久而久之，孩子在家里别说主动帮大人做事了，连很多自己的事情他们都无法独立自主地完成，这对他们的成长是十分不利的。

　　上述问题出现的原因有二，一是大人自己不愿意放手，二是家里的布局让大人与孩子之间不能及时有效地沟通。要解决上述问题，可以试试以下 6 种空间布局方法，其本质就是，让孩子在大人看得到的地方，自己去完成各类事情。这些布局可以让家庭成员之间互不打扰，但又能感受到彼此的存在，这样能给孩子带来安全感，进而鼓励他们自主地完成各种事情。

2.1 洄游布局激发孩子的探索欲

简单来说，洄游布局可以让我们通过不同的路线，不需要折回就到达目的地。不同于常规的布局，洄游布局创造了流动感，打通了原本相互独立的空间，带来了开阔自由的感受。洄游布局不仅能让空间看起来更加宽敞，还能让孩子有更多活动空间，在跑跑跳跳之中完成对家的探索。

① 整体洄游布局，让家变成探索地

如果户型够大，可以考虑采用各个空间彼此分隔又环环相扣的洄游布局。比如打通卧室、厨房和客厅，这样厨房既可以从卧室进入，也可以从客厅进入。对于孩子而言，更多的路径选择让家变成了一个"大迷宫"，孩子可以从自己的卧室直达父母的卧室，也可以直接进入客厅玩耍，如此不仅乐趣十足，而且能激发孩子的探索欲，提高孩子的自主性。

◆ **方便切换的房间布局**

平常打开门，使客厅等公共空间与卧室等私密空间融为一体，方便孩子自由地探索。如果家里有访客，关上门就能隔开公共空间与私密空间。

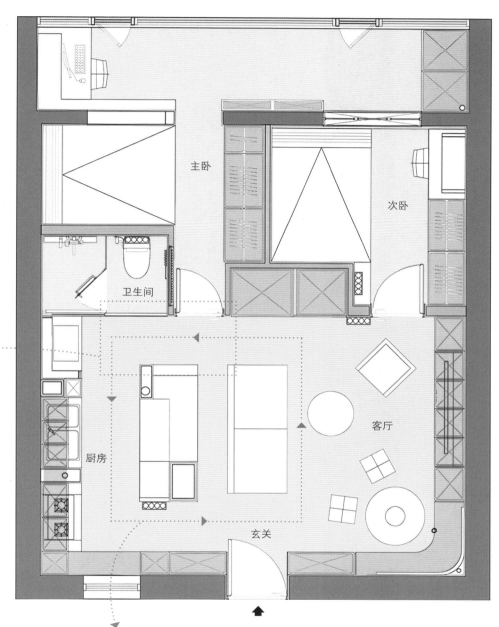

主卧

次卧

卫生间

厨房

客厅

玄关

◆ **环形路线使做家务更轻松**

这个房间中设有玄关—客厅—厨房—玄关这条环形路线，路线经过卫生间，所以这是能使做家务更轻松的布局。

从卧室穿越狭长的过道 1，就来到了主卫，过道连接了两个空间，这样使人不用穿过客厅就能到达主卫，保证了私密性。

步入玄关，眼前便是墙体。以墙体为障，在入口处设置了两道"隐形门"。右边的门连通入口衣帽间，可以直达次卫；从左边的门则可以直接进入客厅。

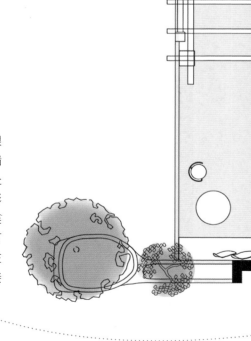

卧室

过道 1

衣帽间

主卫

娱乐区 / 影视厅

厨房

过道 2

储藏室

次卫

洗衣房

入口衣帽间

客厅

玄关

② 局部洄游布局，增加陪伴时间

如果家里无法采用整体洄游布局，可局部空间采用洄游布局，这样也可以为家庭成员提供更多自由活动的空间及更灵活的生活方式。比如打造开放式厨房，并设计推拉门和岛台，使厨房变成洄游布局，这样可使大人与孩子有更多相互陪伴的机会。

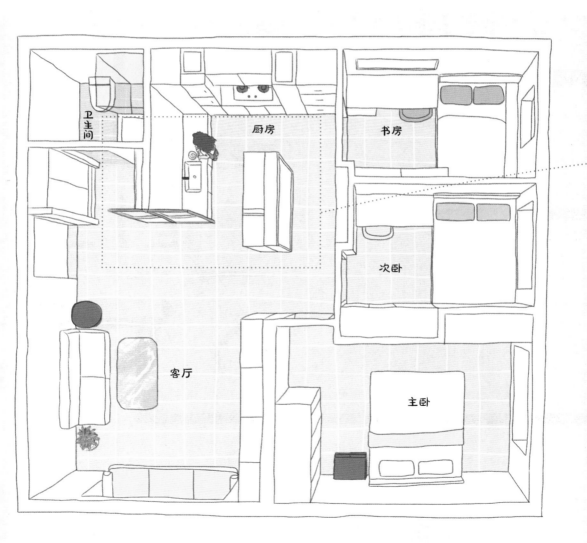

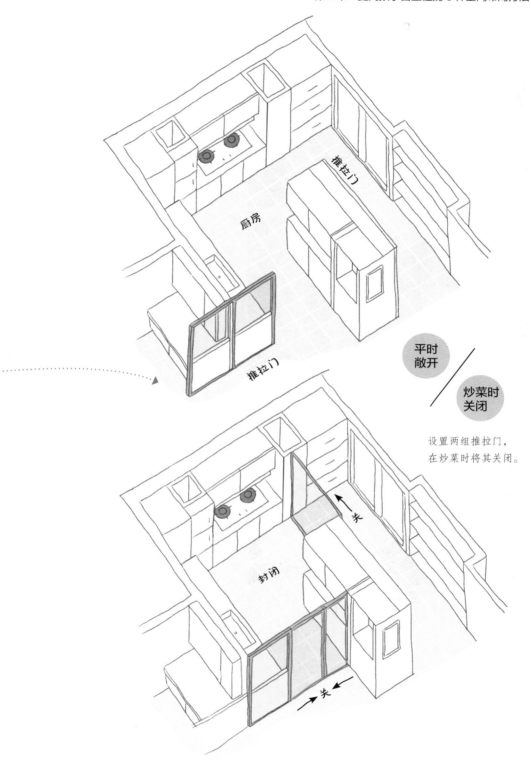

厨房

推拉门

推拉门

平时
敞开

炒菜时
关闭

设置两组推拉门，
在炒菜时将其关闭。

封闭

关

关

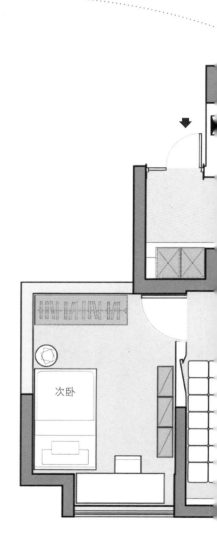

次卧

重新梳理整体布局，在中心位置打造卡座餐厅，从而形成洄游布局。这样一来，从餐厅能直接进入厨房，从厨房又能直接进入客厅。全部空间开放互通，通透而开阔。

淋浴间

厨房

次卫

衣帽间

主卫

餐厅

客厅

主卧

阳台

更多洄游布局参考

不光厨房的内部，厨房的四周也形成了洄游布局。从餐厅绕过厨房可以到达后面的卧室，这样位于厨房的大人可以实时掌握孩子的动向。

以厨房为中心串联起了客厅、餐厅和卧室，两个拱形门洞让家居风格不再单调。

客厅、阳台和书房形成了洄游布局，无论身处客厅还是书房，都能快速抵达阳台。书房与客厅之间的墙上开了一扇窗，在书房学习的孩子能时刻感受到父母的存在，彼此之间的联系得以加强。

2.2 相邻布局促进亲子沟通，给孩子带来安全感

想让孩子拥有良好的学习环境，为孩子提供专属的房间是一种方法，但并非唯一的方法。虽然我们强调孩子独立的重要性，但一个家庭往往被看作一个整体，家庭成员都拥有共同的"私人空间"，这也为亲子之间更好地沟通提供了有力条件。

① 让大人与孩子的活动区域更接近，以便双方感受到彼此的存在

孩子在学习或游戏时，往往会选择离大人较近的地方。所以，大人可以考虑在自己的活动区域旁规划出孩子的活动区域。比如，将客厅旁的阳台设计成孩子的游戏区域，大人在客厅活动，孩子在阳台玩耍，这样双方互不干扰又能感受到彼此的存在。再比如，可以连通父母的卧室与孩子的卧室，这样即使孩子独自待在卧室里也会有安全感。

在父母房和儿童房设置儿童专属门洞，可以缩短儿童房与父母房之间的距离。

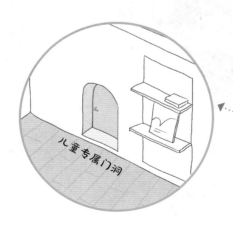

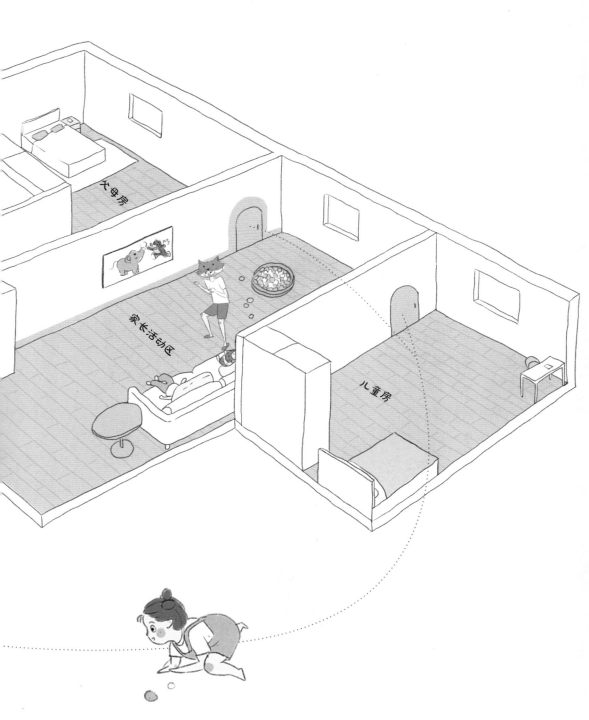

② 让分隔空间的墙壁变成沟通的纽带

如今，住宅内部用来分隔空间的一般都是墙壁，大人可以将这些墙壁变成"信息交流平台"，以加强与孩子的交流。孩子的绘画作品、奖状等都可以贴在墙上，这样一来，原本单调的墙壁就变成了沟通的纽带。

把孩子的照片、奖状和绘画作品贴在通往卧室的走廊墙壁上，这不仅是对孩子的嘉奖，也是与孩子交流的一种方式，让孩子时刻都能感受到大人的爱意。

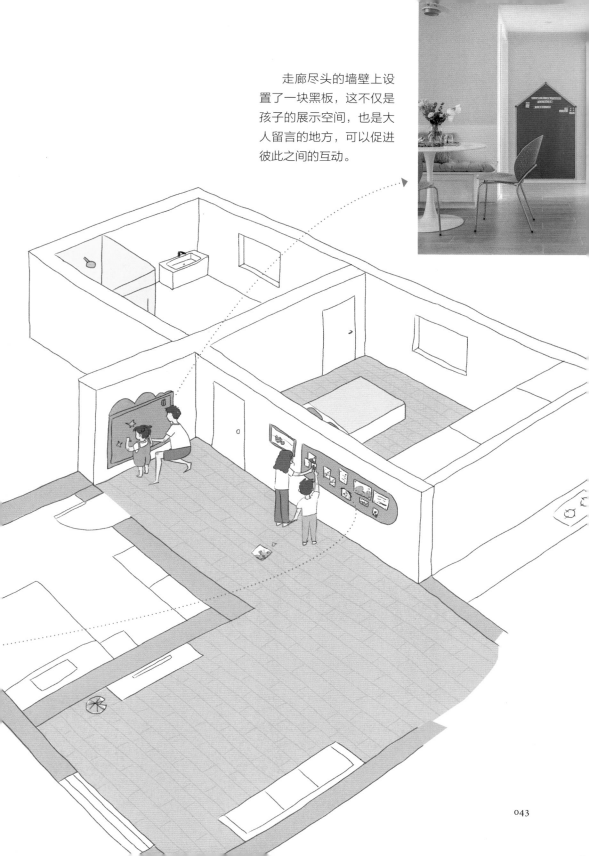

走廊尽头的墙壁上设置了一块黑板，这不仅是孩子的展示空间，也是大人留言的地方，可以促进彼此之间的互动。

更多相邻布局参考

超长的桌子既是餐桌，也是书桌，连接了厨房和客厅，让空间看起来更大，同时增强了厨房与客厅的互动性。

用玻璃隔断从客厅中隔出一间书房，这样从书房可以直接
看到客厅或餐厅，同样，从客厅或餐厅也能看到书房，这样可
以形成既互不打扰又互相陪伴的相邻布局。

父母房与儿童房紧挨着，白天打开推拉门，二者便形成了
一个整体，晚上休息时关上推拉门又可以保护两个房间的隐私。

2.3 干湿分区有助于培养孩子的自主能力

一些家庭只有一个卫生间，在早上的使用高峰期，很多大人为了节约时间，更愿意自己动手帮孩子完成洗漱。长此以往，孩子容易依赖大人的帮助，其自主能力得不到提升。

想为孩子创造自主动手的机会，同时提高卫生间的使用率，可以从干湿分区入手。所谓的干湿分区，就是将公共区域（洗脸区）与私密区域（如厕和沐浴区）分开，其本质是"公私分区"。

◆ **分区前的卫生间**

一个人使用卫生间时，其他人就不能使用，容易造成排队的情况。淋浴时水会溅湿整个空间，化妆品等用品也容易受潮。

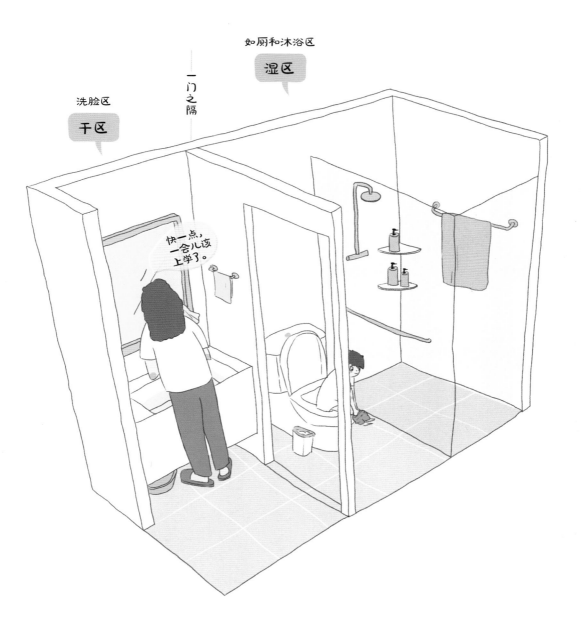

◆ **分区后的卫生间**

干湿分区后，卫生间的洗脸区往往同时发挥着"局部走廊"的作用，可以改善室内通行情况。此外，由于洗脸区与如厕和沐浴区分离，两个家庭成员可在早晚盥洗高峰时段同时使用卫生间，互不妨碍。因为洗脸区与如厕和淋浴区被墙和门完全分隔开，所以洗脸区的物品一般不会受潮。

① 干区和湿区的尺寸要求

　　干区的最小长度为 90cm。湿区的基本长度是 180cm，再加上中间墙的厚度 10cm，一共是 190cm。只要达到这两个尺寸要求，卫生间就能做干湿分区。如果想更好地培养孩子的自主能力，可以将洗脸台的长度设为 120cm以上，这样大人就可以与孩子一起使用洗脸台，一方面可以亲自指导孩子洗漱，另一方面也能节约自己的时间。

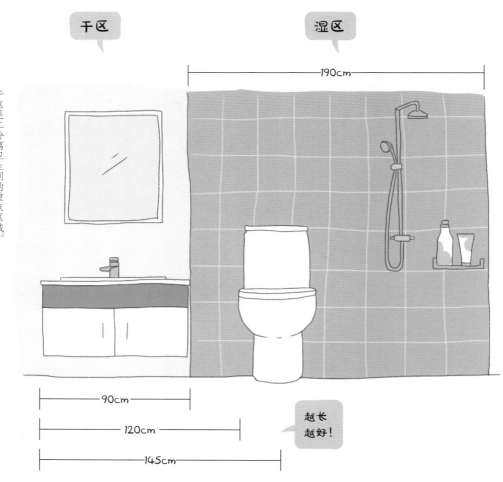

干区是二分离卫生间的重点区域。

② 能让干区收纳空间变大的特殊做法

将干区分离出来的常规做法是将洗脸台内嵌在 U 形的墙体内，也就是三面都是墙体，最外侧的墙体可以用壁柜来代替。一般来说，单侧墙体的最小厚度为 10cm。如果不打算砌筑墙体，那么安装厚度为 20cm 的侧开门壁柜也是非常不错的选择，虽然它比墙体厚 10cm，但它带来的收纳空间是不容小觑的。一些卫生用品都可以放进去，因为拿取非常方便，所以孩子也可以参与进来，从而锻炼自主能力。

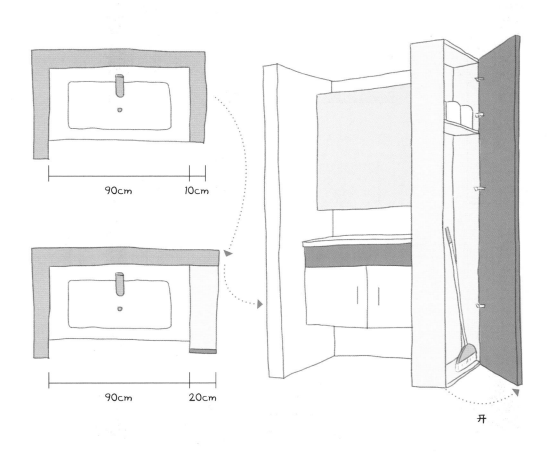

开

去客厅化的设计让孩子有了更大的学习空间。利用一整面墙做储物柜，增加了储物空间，其中的镂空位置则可用于分类摆放书籍。

洗脸台外置，与如厕和沐浴区用玻璃推拉门分隔开，从而实现干湿分区的效果。三面镜柜在最大限度地满足储物需求的同时让视野更开阔。沐浴区墙壁上预留壁龛，以便摆放和拿取沐浴用品。

玄关

更多干湿分区布局参考

将洗脸台移至过道中，用隔墙将房门与卫生间门隔开。在洗脸台靠墙的一侧设计了整排储物柜，台面上的开放格可以临时放置洗漱用品，高柜可以存放换洗的衣物，这样就提高了洗漱空间的储物能力。

双台盆设计可供两个家庭成员同时洗漱。卫生间的门不是普通的平开门，而是可以折叠的款式，完全打开后，家中会更加明亮。

在洗脸台与客厅之间用木质格栅做隔断，木质格栅既不会阻挡阳光，也不会完全阻碍视线，这样大人可以放心地让孩子自己完成洗漱。

2.4　建立属于孩子的自由天地，提高孩子的主动性

有的住宅整体面积比较大，可以给孩子预留一间儿童房作为他们的自由天地；有的住宅面积比较小，无法给孩子准备一个属于他们自己的房间，但这并不影响我们给孩子建立一块属于他自己的"私人领域"。儿童房的边界很好划分，其门和墙就是很明显的实体界限。如果没有儿童房，那我们也可以专门划出一块区域，并借助柜子、地毯等软界限标识，建立专属于孩子的自由天地，同时一定要把其他物品从这块区域移走，从而让孩子觉得这是完全属于他的领地。

◆ 临窗打造明亮、通风的自由天地

在靠近客厅的阳台旁开辟一块专属于孩子的区域，这里有充足的阳光，而且通风良好。因为紧邻客厅，所以孩子在这里玩耍也不会脱离大人的视线，大人会更放心。

◆ 靠墙安装小桌板，预留出孩子的小天地

在公共区域可以靠墙安装小桌板，孩子在这里可以写作业、做手工、画画等。小桌板可以做成折叠的形式，这样不会占用太多空间。

◆ **将收纳柜底层完全交给孩子**

可以将收纳柜底层的储物格完全交给孩子，让他们专门放置自己的东西。这样可以培养他们主动收纳的意识。

　　休闲卡座是为孩子以后练习钢琴而预留的位置，目前是孩子的小天地。承重墙被木饰面包裹，温暖的阳光透过木质百叶窗洒进来，让这个小天地无比温馨。

休闲卡座

在客厅打造一面书架墙，不仅能营造良好的阅读氛围，而且能给孩子提供单独的收纳空间，让孩子可以自己完成收拾玩具等整理活动。

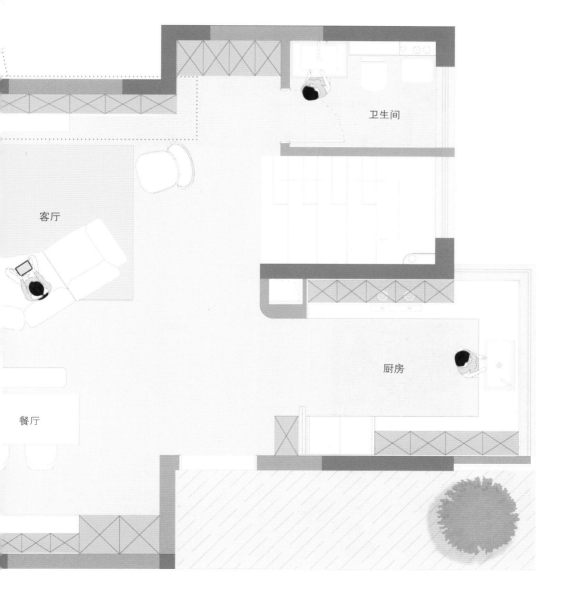

卫生间

客厅

厨房

餐厅

更多孩子的自由天地参考

　　对阳台地面做抬高的地台设计，使客厅与阳台分隔开，但在视觉上仍融合在一起。木质地面可以给孩子带来非常舒适的玩耍体验，孩子独自在这里玩耍也很安全。

　　给阳台的墙面涂刷黑板漆，并在阳台上放置小桌椅，就能打造出属于孩子的自由天地，孩子可以选择在这里画画或玩耍。墙上的开放式柜格方便孩子自己拿取书本，让孩子在整理书本时更有成就感。

将二楼的走廊打造成孩子的专属天地，只需要一个书架、一把椅子、一张地毯。在这里，孩子可以不受打扰，自己安排时间和归置物品。

2.5 共享空间加强陪伴，培养孩子的自驱力

其实，在生活中我们可以发现，孩子总是选择在家中最让自己感到舒服的地方学习或玩耍，而不是只待在房间里。他们选择的地点，一般是既能让自己集中注意力，又不会切断与他人的联系的空间，比如客厅、餐厅的一角。正因如此，如果我们想要打造一个让孩子喜欢的空间，首先要注意的就是不能把这个空间完全封闭起来，要让孩子独自在这个空间里时也能感受到家人的存在，从而获得安全感。共享空间可以说是非常不错的选择，比如对客厅和餐厅进行一体化设计，大人坐在客厅的沙发上看书，孩子坐在离沙发几米远的餐桌上画画，大家一边保持着自己的步调进行各自的活动，一边互相陪伴，这无形中也在培养孩子自主分配时间的能力，让孩子有更强的自驱力。

① 在公共区域打造学习区或游戏区

对于 12 岁以下的孩子，建议在公共区域，比如客厅、餐厅，打造学习区或游戏区。这个年龄段的孩子渴望被父母关注，如果与孩子共享公共区域，即使没有语言交流，也能达到相互陪伴的效果。在公共区域设置学习区或游戏区时，要注意一定要让孩子在坐下时是面对公共区域的，如果背对公共区域，容易让孩子有被监视的感觉，这样孩子就无法做到真正的专注，久而久之，孩子就会失去主动性。

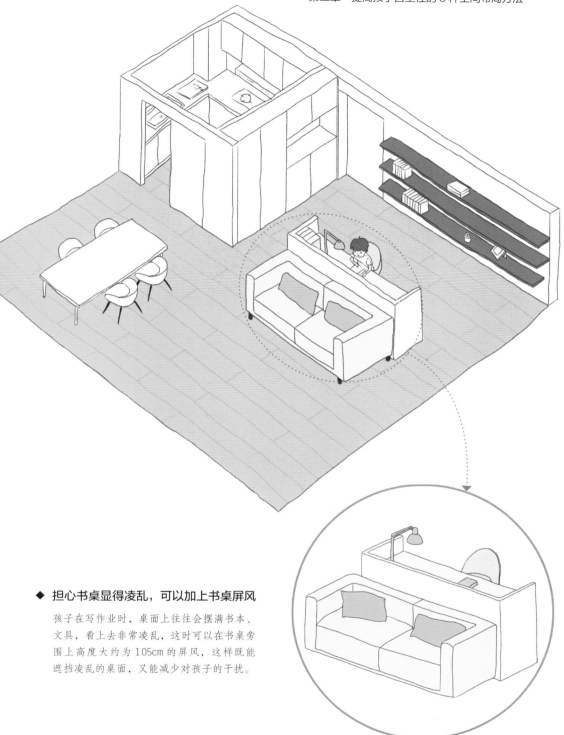

◆ **担心书桌显得凌乱，可以加上书桌屏风**

孩子在写作业时，桌面上往往会摆满书本、文具，看上去非常凌乱，这时可以在书桌旁围上高度大约为 105cm 的屏风，这样既能遮挡凌乱的桌面，又能减少对孩子的干扰。

　　在客厅的沙发后面摆放书桌和嵌入式书柜，增加学习区。透明玻璃隔断让两个区域既彼此独立又相互关联，同时光线能最大限度地充满整个空间。

　　客厅和餐厅一体化，让分别处于两个空间的家庭成员可以感受到彼此的存在。玄关处鞋柜的原木平面造型与电视墙形成自然的关联，弱化了鞋柜本身的存在。

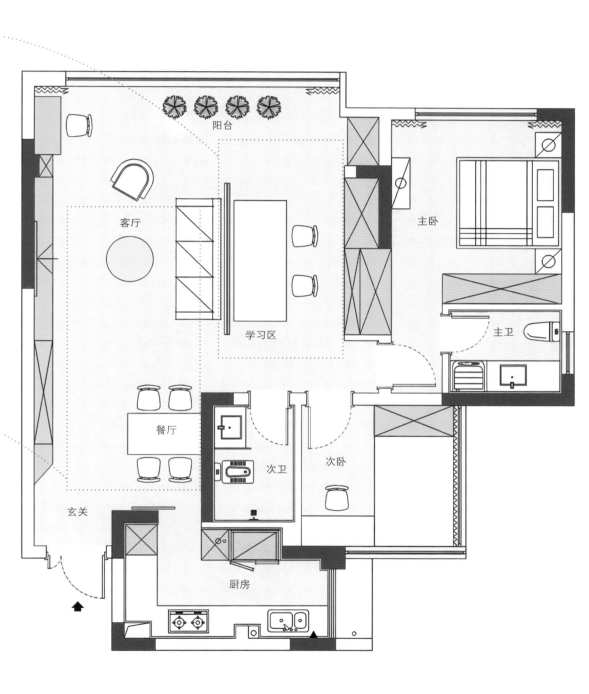

阳台

客厅

主卧

学习区

主卫

餐厅

次卫

次卧

玄关

厨房

2 共享书架让孩子学会主动探索

共享书架就是把全家人的书都摆在同一个书架上。这样做的好处在于，可引导孩子探索父母读过的书，从而发现其中的优秀作品。如果父母可以和孩子一起重温自己看过的书，那就更好了。

除了书架，类似电视旁边、餐桌的一角、玄关的柜子等位置都可以成为全家人共享的地方。父母和孩子可以找出各自喜欢的书籍或物品摆在一起，书不一定是名著，也可以是与工作相关的书、菜谱、漫画、绘本等，这样孩子可以在家中随手找到读物，能随时随地进行阅读和思考。广泛阅读对于培养孩子的自主思考能力和想象力有着非常积极的作用。

◆ **让共享更有趣的方法**

可以让书的主人附上简单的信息，比如对书的推荐语或是自己阅读后的感受，不喜欢在书上涂写的话，也可以写在便笺上，再将便笺贴在书上。

厨房

餐厅

卫生间

客厅

工作区 / 游戏区

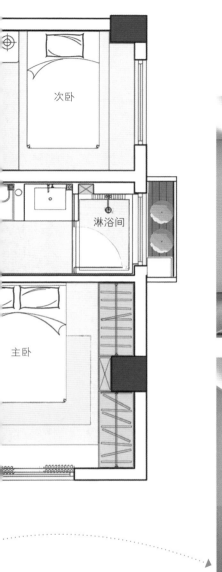

在客厅利用收纳柜隔出一个区域，作为工作区 / 游戏区。在这个区域靠窗放置一张条形书桌，满足在家办公需求。

更多共享空间参考

　　临窗摆放沙发，坐在这里读书可以享受充足的阳光。整面墙的定制书柜便于分类收纳书籍和其他物品。开放式厨房与客厅之间的岛台下部设计为橱柜，其高度可使孩子自己完成收纳任务。

　　将客厅用矮墙一分为二，这样不会影响整个空间的采光与通风。对学习区的地面做抬高处理，书桌紧挨着矮墙，形成共享空间。

　　在客厅设计整墙的定制柜，柜门特地用黑板漆涂刷，关上便成了孩子可以自由涂鸦的黑板。打开的柜子可以作为孩子作品的展示区，有助于增强孩子的自信心。小餐桌是为孩子量身打造的，旨在培养孩子独立进食的好习惯。

2.6 布置临窗区，让孩子更独立

通风良好的家庭，一个很大的优点是新鲜空气能不断进入室内，让人感觉舒适。如何让自己的家通风良好呢？我们首先想到的可能是打通空间、开放区域，这确实是最直接有效的方法，但如果没条件打通空间，可以考虑在原有客厅的基础上，切分出一个临窗区。临窗区可以让家人之间保持适当的距离和开放式的沟通，这样大家可以既专注于自己的事，又感知到家人的存在，以此获得安全感，孩子也就更愿意主动去做一些事情。

◆ 休闲椅 + 矮柜

在临窗区放置一把休闲椅，再搭配矮柜就能将其布置成阅读区，不论是孩子还是大人，都能在这个区域享受独处的阅读时光。

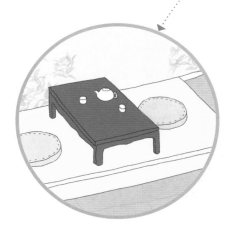

◆ 地台

在临窗区留出 100~150cm 的宽度做 15cm 高的地台，这里既可以是孩子的游戏区，也可以是大人的休闲区，还可以在视觉上增大空间。

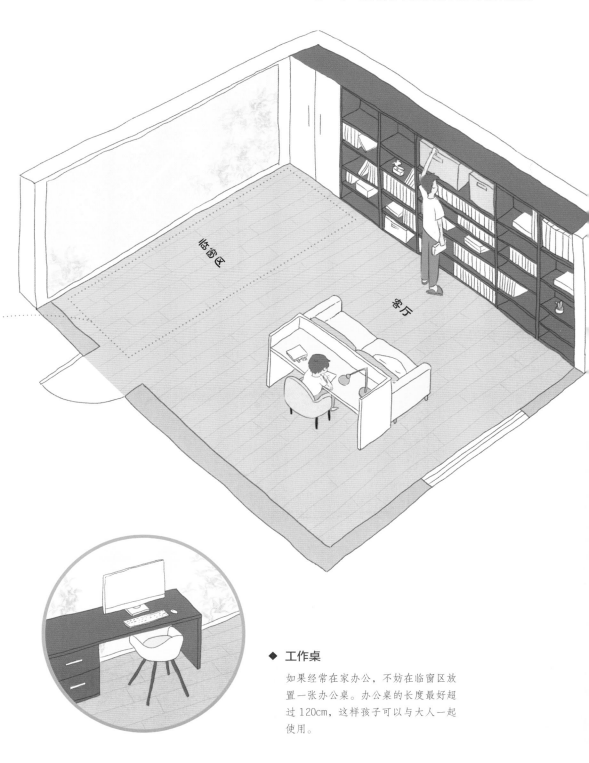

临窗区

客厅

◆ **工作桌**

如果经常在家办公，不妨在临窗区放置一张办公桌。办公桌的长度最好超过 120cm，这样孩子可以与大人一起使用。

客厅

书房

主卧

玄关

餐厅

卫生间1

厨房

将客厅临窗的地面抬高并放置一个滑梯，这个滑梯采用卡榫装置，以便日后拆卸。

　　从书房可以直接进入客厅，透明的隔断让在书房工作的大人能时刻关注孩子在客厅的情况。

　　书房里的树屋下面开了一道小门，孩子穿过这道小门可以进入主卧。

更多临窗区参考

与客厅连通的阳台采用统一色系的木饰面进行装饰，再放上休闲椅，阳台立马变成可以放松身心的休闲区域。

　　客厅有一整面飘窗，为飘窗的木质窗台增加踏步，赋予其地台的功能属性，并预留暗藏灯光，使其与电视墙、沙发墙连成整体。采用沙发结合飘窗的形式，让空间更加灵活，也更方便家人之间的互动。

第三章　守护童心和想象力的 5 种"道具"

儿童房只能放床和书桌吗？大人总是会习惯性地觉得儿童房就是孩子用来睡觉和学习的地方，所以在设计儿童房时，除了床，往往只会放置书桌、椅子等家具。但这些家具在孩子较小的时候是被闲置的，并且没有顾及孩子的玩耍需求。

为守护孩子的童心，可以在儿童房里摆上"道具"，如多功能树屋、滑梯等，这些"道具"可以让孩子在儿童房里尽情地探索、自由地玩耍。

3.1 多功能树屋，为孩子打造秘密基地

树屋与我们常说的高低床稍有不同，传统的高低床上下两层都是床，而树屋一般上层是床，下层不放置固定家具，而是放置可移动的小型家具，这样设计有两个好处：一是方便根据孩子的成长需求更换家居，二是让孩子拥有自己的秘密基地。

① 搭建树屋的步骤

要在儿童房内搭建树屋，首先要考虑层高问题，室内层高低于 2.7m 的话，就不太建议搭建树屋。搭建树屋主要有 3 个步骤：一是搭建支撑结构，二是做门窗墙、搭床板，三是安装梯子和防护网。右侧为示例，尺寸仅供参考。

◆ 第一步，搭建支撑结构

钢支架：50mm × 50mm 的方通，管壁厚度为 3mm。

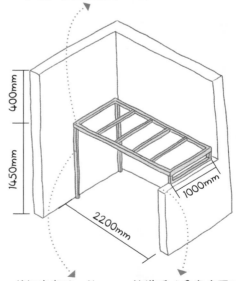

将钢支架的四边、支脚用膨胀螺栓牢固安装在混凝土墙上。

这道矮墙是窗户下面的墙，下部局部砌筑加厚。将短支脚设计成"口"字形，并固定在窗台上。

◆ 第二步，做门窗墙、搭床板

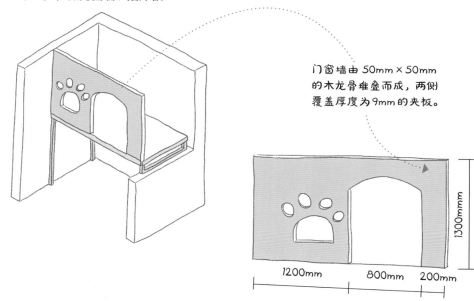

门窗墙由 50mm × 50mm 的木龙骨堆叠而成，两侧覆盖厚度为 9mm 的夹板。

1300mm

1200mm　800mm　200mm

◆ 第三步，安装梯子和防护网等

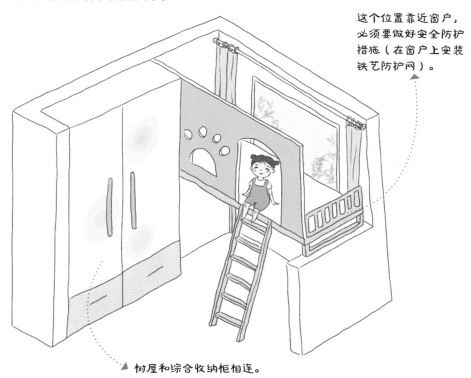

这个位置靠近窗户，必须要做好安全防护措施（在窗户上安装铁艺防护网）。

树屋和综合收纳柜相连。

② 在树屋下层放置可移动的小型家具

树屋下层可以根据不同年龄段孩子的成长需求放置一些可移动的小型家具。比如针对 6~10 岁的孩子，树屋下层可以摆一组玩具；针对稍微大一点的孩子，考虑到他们需要在学习上花费更多时间，所以树屋下层可以放置书桌和书架等。

◆ 6~10 岁孩子的"秘密基地"

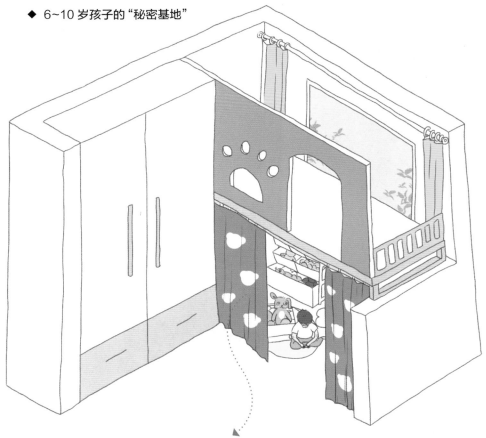

拉上布帘、摆上玩具，树屋下层就变成了孩子的"秘密基地"。为方便展示，未画出梯子，下页同。

◆ 11~15 岁孩子的兴趣空间

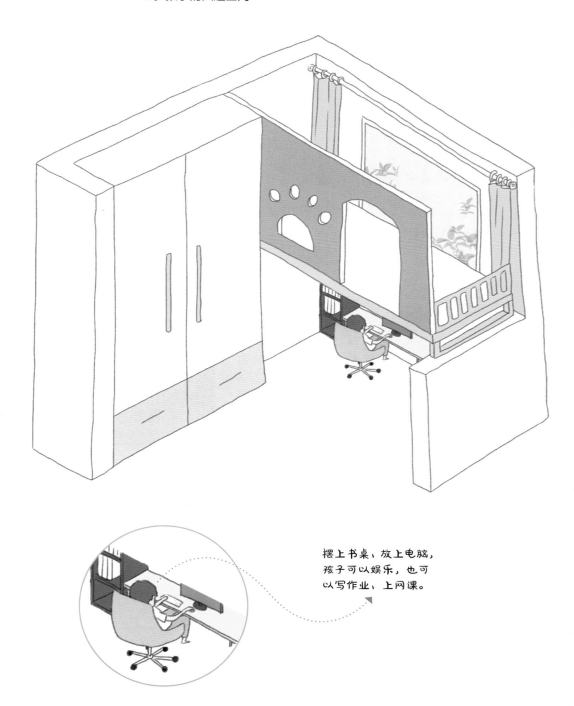

摆上书桌、放上电脑，孩子可以娱乐，也可以写作业、上网课。

利用墙面做书柜，树屋与书柜之间是抽屉柜楼梯，不仅提供了更多的收纳空间，而且更安全。

如果孩子年龄还小，可以将床放在下层。绿白拼色的拱形门洞让树屋更具童话色彩，有助于提升孩子的幸福感。

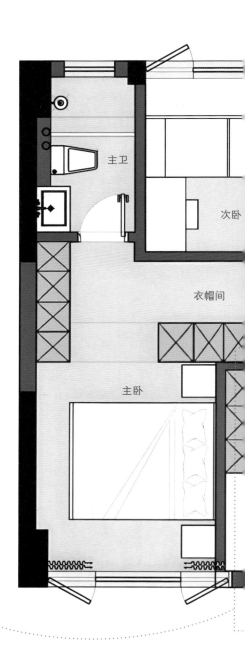

主卫

次卧

衣帽间

主卧

休闲区

次卫

客厅

次卧 2

西厨

树屋

中厨

玄关

更多多功能树屋参考

　　树屋一侧没有做收纳柜，而是做了一个滑梯，这样儿童房就变得实用又有趣。

　　原木色的树屋与粉色的软装给人温馨的感觉。树屋下层仅简单装饰，这样可以根据孩子的成长需求添置物品。

树屋上层是床，下层是"梦幻乐园"，一侧的储物柜内摆放着
玩具和书籍，楼梯下方是放满玩具的储物柜。

3.2 滑梯，打造有吸引力的游戏场所

孩子天生喜欢游戏，他们在游戏中学习，在游戏中成长，也正因如此，他们的快乐很简单：秋千、滑梯、海洋球……如果把这些游乐设施统统搬进家里，那么孩子就可以在最熟悉的空间里，既自在又放松地度过欢乐的游戏时光。一般认为，滑梯要复式住宅才能安装，其实不然，100cm 高的滑梯的占地面积约为 $2m^2$，对空间的要求不是太高，在普通公寓中也能安装。滑梯可以放在客厅、阳台等比较开阔的地方，也可以尝试在儿童房开一扇小窗，打造从儿童房滑到客厅的滑梯。

① 选择让孩子滑起来感到舒适的滑梯材质

滑梯表面越光滑、越耐磨，滑起来的舒适度就越高。如果滑起来不够顺畅，可能是因为滑梯表面不够光滑。从舒适度来讲，实木的舒适度最高，木饰面板次之，木贴皮的舒适度在三者中最低。

实木

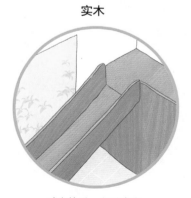

耐磨性强，舒适度高。

舒适

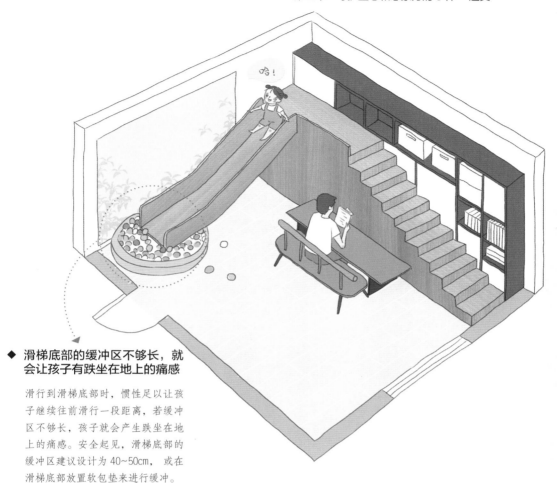

◆ **滑梯底部的缓冲区不够长，就会让孩子有跌坐在地上的痛感**

滑行到滑梯底部时，惯性足以让孩子继续往前滑行一段距离，若缓冲区不够长，孩子就会产生跌坐在地上的痛感。安全起见，滑梯底部的缓冲区建议设计为 40~50cm，或在滑梯底部放置软包垫来进行缓冲。

木饰面板

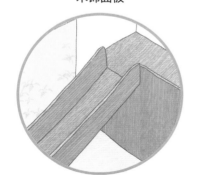

触感比较涩，需通过刷油来提高光滑度。

木贴皮

较耐磨，不过得用砂纸反复打磨表面。

→ 较舒适

② 滑梯高度和角度等的设计

　　要设计一个安全又好玩的滑梯，就要考虑滑梯的高度和角度。在一定的角度下，滑梯越高，梯面也会越长，滑行的速度也会越快，有些不适应的小孩会有点害怕，因此滑梯高度要适度。一般适合孩子玩的滑梯，其高度为 80~100cm，倾斜角度为 30°~40°。

◆ **梯面的宽度建议设计为 45cm，并在梯面两侧设计扶手**

适中的梯面宽度能让孩子安稳地坐着，并将双手不费力地搭在扶手上，这样不仅更安全，孩子的体验也会更好。

更多滑梯参考

用一道隔墙在客厅里为孩子隔出一片自由天地，这里有平台和楼梯、洞穴和海洋球，还有滑梯和吊椅。

楼梯旁是一个滑梯，可以给孩子带来乐趣。滑梯配有光滑的金属栏杆，在空间中建立了开阔且有纵深感的视觉连接。

在挑高客厅中为孩子设计了一个游戏榻，榻内嵌入游戏方盒，这里既是孩子的游乐场，也是大人的休息平台。

利用地平高差做了童趣十足的滑梯树屋，它既给孩子提供了一个玩耍空间，又连通了两个空间。

3.3 攀爬网，创造快乐回忆

攀爬网是相当有趣的设施，能提供不一样的空间感，而且互动性也强。不只孩子爱玩，很多成年人也很喜欢。这种有点像吊床的设计，能让家中充满悠闲的氛围。安装攀爬网时，最重要的是考虑孩子的身高，以及规划好攀爬网下

◆ **攀爬区 + 游戏区**

如果攀爬网下方是游戏区，那么比起攀爬网，孩子在游戏区的活动会更频繁。此时要优先考虑孩子站立时的高度，一般下方的高度要大于上方的高度，下方150cm左右是比较恰当的。

方用于开展什么活动。一般来说，室内净层高在 2.7m 及以上的住宅才能安装攀爬网。

1 攀爬网的两种设置方式

关于攀爬网应如何设置，常见的有两种方式：一种是上面设置攀爬区，下面设置游戏区；另一种是上面设置攀爬区，下面设置床铺区。

◆ 攀爬区 + 床铺区

以攀爬网为界线，上方应留出 130cm 的高度，这样的高度足以让 5 岁以下的孩子趴着玩或站着玩。如果要让他们跳着玩，则应留出 180cm 以上的高度。

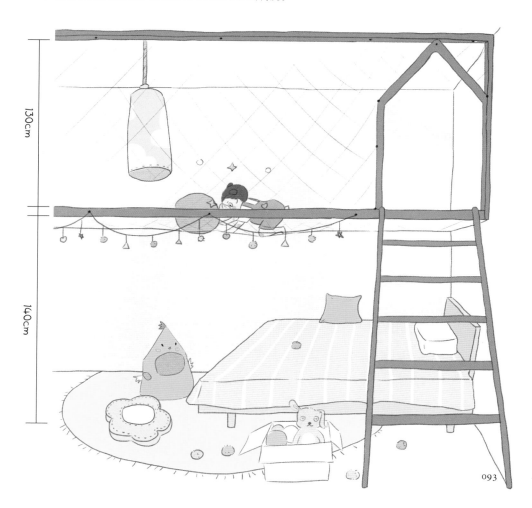

② 提高舒适度的方法

　　大人看到孩子在攀爬网上开心玩耍的时候，总会下意识地想孩子舒不舒服，会不会痛，也会担心孩子的脚卡在网里。从理论上来说，攀爬网是绳子交错打结的格状编织设计，因此孩子很容易踩到绳结。孩子体重轻，而大人体重重，因此大人踩到绳结一般会比孩子痛很多。最好将网格的边长设为 10cm，网格越小，绳结越密，舒适度越高。

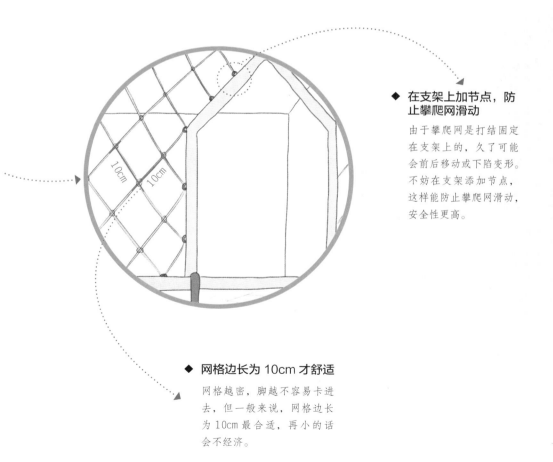

◆ **在支架上加节点，防止攀爬网滑动**

由于攀爬网是打结固定在支架上的，久了可能会前后移动或下陷变形。不妨在支架添加节点，这样能防止攀爬网滑动，安全性更高。

◆ **网格边长为 10cm 才舒适**

网格越密，脚越不容易卡进去，但一般来说，网格边长为 10cm 最合适，再小的话会不经济。

更多攀爬网参考

　　将二层卧室的一部分空间用来安装攀爬网，这里既是孩子独立的游戏区域，又能将光线引至二层，即使父母都在一层，也能和孩子保持交流。

在楼梯上方设计了夹层，利用攀爬网进行隔间处理，这里便成了明亮的多功能卧榻区。由攀爬网取代天花板，这样孩子一样可以安全地在上面活动。此外，阳光透过此处照亮全室，楼上与楼下的互动也得以加强。

将儿童活动室用攀爬网分成上下两层，攀爬网下层将来可以摆放书桌或收纳柜，小门直通二楼，可以让孩子享受来回穿梭的乐趣。

3.4 秋千，释放天性、保护童真

　　荡秋千是大多数孩子比较喜欢的游戏，不仅能促进孩子身体发育还能锻炼孩子的平衡能力。

　　比起滑梯与攀爬网，秋千的安装难度更低。要注意的是，不少人安装秋千时，将螺丝只打在石膏板上，这其实存在很大的安全风险。石膏板的质地脆，秋千会摇晃，再加上人的体重，石膏板可能会因承受不住而破裂。因此，一定要将螺丝打进建筑的顶面水泥层，而且还得选用膨胀螺栓，以有效加强支撑。

◆ **秋千四周至少预留 1 米**

客厅、阳台的空间够大，放得下秋千。不妨选用可拆卸的秋千，要用时再安装。不过要注意，不要在秋千前后摆放家具，而且秋千四周至少要预留出 1 米的空间，尤其要使秋千与墙面保持适当距离，以免孩子在使用秋千时撞伤。

更多秋千参考

将秋千巧妙地设计在二层平台处。在开阔的平台上，秋千是一家人的游戏空间。

大人在客厅休息的时候，孩子也可以在客厅荡秋千。

在公共空间放置秋千，让孩子在家也能享受在户外玩耍的快乐。

在阳台放置绿植和秋千，让阳台成为家中充满自然气息的儿童活动区。秋千通过金属构件与原楼板浇筑面连接，既稳固也不会损伤顶部墙漆。

3.5 黑板墙，激发创造力

几乎所有的孩子都喜欢画画，他们能从随意的线条和缤纷的颜色中感受到自由和快乐。"给孩子一面涂鸦墙"，并非倡导孩子到处乱画，而是激发孩子的创造力，给孩子一些"搞破坏"的机会。黑板墙不仅可以给孩子提供一个专属的画画空间，而且大人也可以和孩子一起画画，从而增强亲子互动。同时，黑板墙也可以作为孩子作品的展示空间，便于为孩子营造温暖、有爱的家庭氛围，让孩子能在充满爱的环境中健康地成长。

① 选择一面合适的墙作为黑板墙

黑板墙的位置可以根据家庭需求决定。如果想要一进门就能看到黑板墙，那么与入户门相对的墙是最好的选择。也可以在儿童房专门挑一面墙作为黑板墙，让孩子可以自己装扮房间。如果家里走廊不长，光线也较好，则可以将走廊墙壁的局部作为黑板墙，这样也能让走廊变得有趣起来。

▼ 3 类黑板墙的区别

◆ 黑板贴

黑板贴使用起来比较灵活，可以贴在墙体、柜体或冰箱上，而且还能随意裁剪。

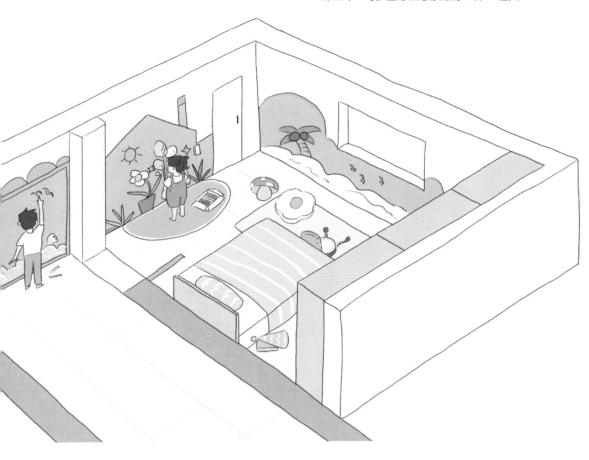

◆ **黑板漆**

在给墙面涂刷底漆之后，可以将黑板漆直接涂刷上去。同时，黑板漆的颜色是很丰富的，可通过调色调出各种颜色，并不是只有常见的黑色。

◆ **成品黑板**

成品黑板可以随意定制尺寸，不过小尺寸的成品黑板比较常见，因为小尺寸的成品黑板可以悬挂在墙上，安装十分便捷。

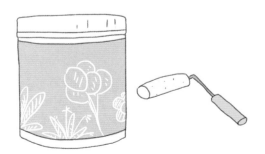

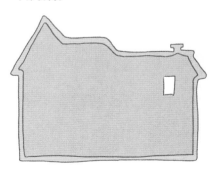

② 黑板墙的形式多样

说到黑板墙，很多人可能都会认为那就是一面黑色的墙，其实现在的黑板墙有很多种颜色可以选择，并且还可以设计成不同的主题造型。

▼ 彩色黑板墙

清新的薄荷绿黑板墙被嵌入客厅的主墙中，孩子可以在此肆意地发挥创意。

浅绿色的黑板墙与书房非常协调，浅绿色对小朋友的眼睛也非常友好。

▼ 主题造型黑板墙

基于墙体来设计黑板墙的造型，能很好地弥补墙体的缺陷。

▼ 黑板门

为儿童房的推拉门涂刷黑板漆，让其成为孩子涂鸦的地方。

房子造型的黑板墙看起来十分有趣，不会让人感到沉闷或压抑。

衣柜门涂上黑板漆，就成了孩子可以涂鸦的"墙面"。

　　儿童房的面积不大，但随着两个孩子渐渐长大，这里需要兼顾孩子们的休息、学习及储物需求，所以增加了一张能储物的儿童床，这让两个孩子都能拥有独立睡眠空间的同时，也增添了一部分收纳空间。

　　客厅中设计了整面的黑板墙和书墙，这里是童趣乐园，也是"图书馆"，更是亲子互动的主场。大人的阅读爱好让两个孩子从小就生活在书香世界，并在成长过程中保持对知识的好奇和渴望。

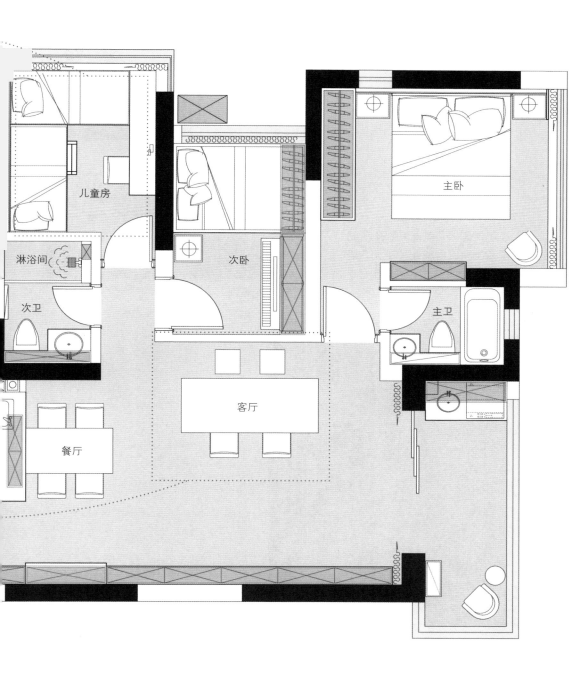

儿童房

淋浴间

次卫

次卧

主卧

主卫

客厅

餐厅

更多黑板墙参考

在儿童房的墙面上挂一块小小的黑板，既能满足孩子的涂鸦需求，也能让孩子大方展示自己的作品，增强其自信心。

在阳台的墙上单独设计一块黑板，这样大人做家务的时候也能看到在阳台涂鸦的孩子。

儿童房选择灰色为主色调，双层床架模拟小型货柜，墙上的黑板成为孩子记事或涂鸦的地方。

书桌的旁边是用推拉门隔开的储藏室，门上用黑板漆划分出两个可以供家人交流和展示照片的区域，这使得原本单调的推拉门给人一种温馨感。

第四章　适合孩子的 2 种家具

　　对于家具而言，是有适合孩子与否的区分的。够不到的书架、高度无法调节的学习桌、不易取物的收纳柜……这些不适合的家具都不利于孩子良好习惯的养成。以收纳习惯为例，首先，外部条件不满足，孩子就没有办法好好收纳，能力就会受到阻碍；其次，住在自己不喜欢的房间里，孩子也很难提起精神好好收拾。

　　所以，想把孩子培养好，光靠说是没用的，还需要为孩子打造适宜的外部环境。除此之外，越是设计合理的家具，越能被反复使用，孩子使用起来也越轻松愉快，这会使孩子更容易地养成好习惯。

4.1 选择能陪孩子一起成长的家具

在装修儿童房的时候，我们很容易陷入一个误区——"反正孩子要长大，以后也用得上"，然后在儿童房里摆放孩子上中学才能用到的书桌、椅子、衣柜、书柜等家具。虽然将来某一天孩子确实可以用到这些家具，但让几岁的孩子待在自己十几岁时的房间里，他们是很难感受到快乐的，这样孩子会失去掌控感，不利于培养他们独立做事的能力。

当然，在给孩子布置房间时，一定要认真考虑一下"孩子会长大"这件事，尽量选择可移动、可调整的家具，以满足孩子在不同成长阶段的需求。

① 根据孩子在每个成长阶段的需求选择布置方式

处于不同成长阶段的孩子的核心需求不同，我们把握主要的几个时期就可以了：0~2 岁、3~5 岁、6~12 岁、12 岁以上。

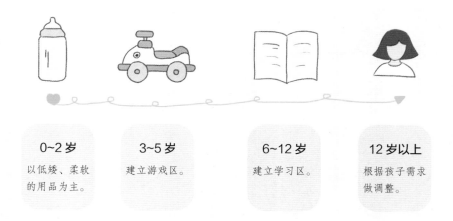

0~2 岁	3~5 岁	6~12 岁	12 岁以上
以低矮、柔软的用品为主。	建立游戏区。	建立学习区。	根据孩子需求做调整。

0~2 岁：这个时期的孩子一般都和大人睡，所以儿童房主要用作玩耍空间。儿童房内可以不用急着预备大型的家具，因为这个时期的孩子不是在睡觉就是在爬，或是在到处走，所以，儿童房里的家具、摆件不用放太多，可以考虑放置收纳孩子用品的矮柜，或者方便大人使用的尿布台等。为了更方便孩子爬行，也为了给他们一个坐着玩的空间，儿童房内可以放置较柔软的地垫或者帐篷等软装用品。

3~5 岁：这个时期的孩子是最爱玩的，家里会多出来很多玩具、绘本等物品，因此收纳设计就很有必要。这个时候可以多添置一些敞口型收纳盒，用于收纳孩子的玩具和书籍，还可以让孩子参与整理和收纳的过程。封闭格用于放置衣物，飘窗、床下柜、小楼梯等空间也要充分地利用起来。

　　6~12 岁：这个时期的孩子进入学习阶段，房间内使用频率最高的就是学习桌和椅子了。这个时期可以考虑购置学习桌、椅子、书柜等。学习桌的高度应该在孩子腰部附近，只有这样，才能保证孩子坐在学习桌前时，手肘可以舒服地放在学习桌上。同时，椅子的高度也要合理。孩子坐在椅子上时，双脚应能平放在地上。因为孩子处在生长期，身高变化很快，所以建议买一套可以调节高度的桌椅。

12 岁以上：12 岁以上的孩子进入了青春期，可以根据孩子的需求对家具做调整。

2 选择设计简单、款式灵活多变的成长型家具

前文提到过，儿童房的布置最好根据孩子的成长需求进行调整，但如果想"一步到位"，那么可以考虑选择一些设计简单但款式灵活多变的成长型家具，以满足孩子在不同成长阶段的需求。换言之，儿童房内尽量不要放置固定的、无法调整的家具，如从底到顶的定制大衣柜、榻榻米等。

7 个月 ~3 岁

0~6 个月

可调整的椅子

4~12 岁

12 岁以上

更多成长型儿童房参考

　　穿过上铺的小拱门，里面是孩子的秘密基地，复合式舞台让孩子可以进行才艺展示，还可以作为绘本陈列与衣物展示的地方。

　　年纪尚小的两个孩子适合共同居住。因此将原来的两个房间打通，同时保留两个出入口及中间的一道折叠门，以便两个孩子长大后，以最省力的方式将一个房间划分为两个房间，让他们拥有各自独立的房间。

　　小茶桌和象腿造型的床头柜富有童趣且便于移动，等孩子长大后，可以添置一些新的收纳家具。

4.2 选择孩子"看得见摸得着"的收纳家具

　　收纳达人提出了一个观点：把杂乱的东西都"关起来"，这样家里看上去会更整洁。所以很多人倾向于使用一些封闭式的收纳盒。

　　但对于孩子而言，这些封闭式的收纳盒因为不能一眼看到里面装的玩具，所以很容易将其忽略，即使大人一遍遍地告诉孩子"玩具都在这个收纳盒里"，他们偶尔也会在找不到玩具时寻求大人的帮助。所以，如果想让孩子学会自己拿取和收纳玩具，最好选择那些没有盖子的收纳盒。如果一定要用封闭式的收纳盒，那就在收纳盒上做一个标记，或者拍一张收纳盒里玩具的照片并将其贴在收纳盒上，这样也可以起到提示的作用。

如果使用封闭式收纳盒，一定要做好标记。

◆ **没有盖子的收纳盒**

常玩的玩具、常读的绘本、常用的小工具，适合直接放在没有盖子的收纳盒里，让孩子一眼就可以看到。

◆ **敞开式的收纳柜**

这种收纳柜便于孩子寻找需要的玩具或绘本。

不同收纳方式对比

拿玩具的步骤很多，孩子有些烦躁

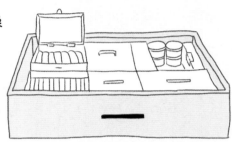

1 选择收纳家具要遵循"方便拿取"原则

对于孩子而言,拿取玩具的过程必须是轻松愉快的,这样他们才会更愿意主动去将玩具收纳好。我们可以想一下,孩子要拿取一个玩具,如果他需要先拉开抽屉,再打开盖子,有时候甚至还需要打开开关,那么孩子还会愿意把玩具放回这里吗?有些看似实用的收纳家具其实会成为孩子学习独立整理玩具的阻碍。所以,我们在选择收纳家具时,应尽量选择结构简单、功能单一的类型。

拿玩具的步骤很少,孩子很开心

② 尽量选择"可视化"家具

其实，收纳应该是一目了然的可视化管理。在拿取物品时，开放式家具比封闭式家具更实用，因为孩子能一眼看到家具内的物品，所以他会有目的地拿取。

将餐厅与工作区融合，省去隔断，将释放的空间留给公共区域。后方收纳柜中的折叠桌是专属的工作区，墙上的洞洞板可以让收纳变得有趣又简单，十分方便孩子拿取。

沙发后方的矮柜作为客厅与餐厅之间的隔断，其收纳柜体采用隐藏式设计，让空间更显整洁。主卧的门与电视墙融为一体，优化了电视墙的比例。在色彩搭配上，简约的白色、原木色与水蓝色，让空间给人清爽舒适的感觉。

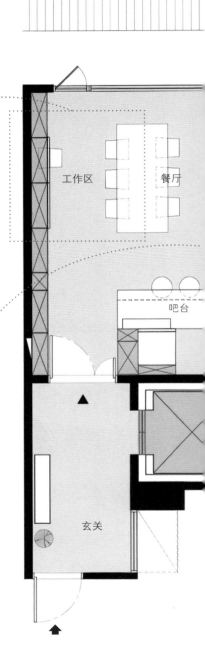

工作区　餐厅

吧台

玄关

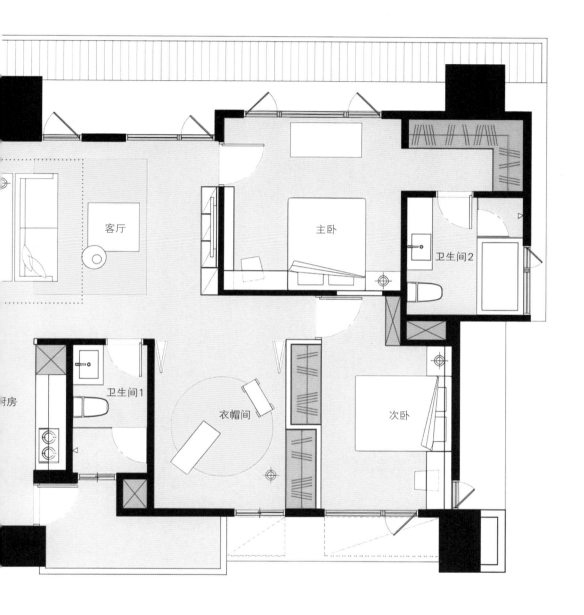

客厅

主卧

卫生间2

厨房

卫生间1

衣帽间

次卧

第五章 让孩子的大脑和身体同时动起来的住宅

通过学习前面的内容，我们可能会意识到亲子阅读空间、游戏空间、儿童家具等的重要性，但在实际装修中可能并不能将它们很好地运用起来。比如，我们可能会问：如何给孩子搭建一个秘密基地？如何在公共空间中为孩子的成长做出一些让步？

这些问题其实不难回答，我们可以借鉴优秀的设计案例。通过这些设计案例我们会发现，家的布局毫无疑问会影响孩子的行为和心理，但并不能替代父母的陪伴。父母用心去创造与孩子共处的世界，这份爱孩子一定能感受到，而这是让孩子变得快乐、善良、健康的最原始的力量。

5.1 客厅随意切换，享受亲子时光

户型信息：

120 ㎡（3 室 2 厅 1 厨 2 卫）

家庭结构：

业主夫妇、兄弟俩

业主需求：

希望能有一个开放式的儿童房，同时不影响孩子晚上休息。

1 玄关

　　进门后左侧原为厨房与后阳台，将其改成储藏室兼工作间，晾干的衣服可顺手折好并放入衣柜，外出时需要穿的衣服与孩子的推车也能暂放于此。玄关与其他空间是连通的，只不过铺设了不同花纹的地砖，在视觉上起到区分空间的作用。

② 客厅

　　一道推拉门使客厅与儿童房各自独立，却也紧密相连。推拉门一旁的圆形窗十分有趣，拉下卷帘则能让孩子免于外界干扰，酣然入睡。沙发一侧的靠背可自由变换位置，以便坐在沙发上的大人随时掌握孩子的动态。

③ 儿童房

儿童房里的整墙书架内藏攀爬机关，等待孩子发现通往滑梯的秘密通道。滑梯可拆卸，组装式夹板也能自由排列组合，兼具童趣和实用性。掀开上下铺的上层盖板，可以看到为孩子编织的安全网，这是增加的全新游戏设施。

④ 餐厅、厨房

餐厅、厨房与客厅共处于一个空间中，炉具与水槽则设置于靠近公共区域的台面，方便在厨房做饭的大人照看活泼好动的孩子们。

5.2 典雅的梦幻甜蜜家园

户型信息：
120㎡（4室2厅1厨2卫）
家庭结构：
业主夫妇、姐弟俩
业主需求：
男女主人都是造型师，他们想生活在温柔婉约的轻古典氛围下，让心情获得平静，并给孩子良好的生活环境。

1 客厅

　　整体空间以奶油色系为基调，佐以多元材质与纹理营造层次感。为了欣赏难得的大幅窗景，一改靠墙放置的常规做法，将沙发置于中间，面向窗户，同时以投影幕布取代电视墙，而沙发就像是客厅与餐厅之间的岛屿，多元的生活场景在此展开，这里可能是小型剧院、晨间咖啡馆、运动游戏场等。

② 儿童房

姐姐的房间主色调为她钟爱的藕紫色，配上白色小家具及好看的装饰，唯美而不失童趣。弟弟因为年龄还小，暂时与父母同睡，所以他的房间暂时被用作娱乐区，房间内以活动式家具和玩具为主，没有过多的装饰，方便弟弟长大后依据自己的喜好布置房间。

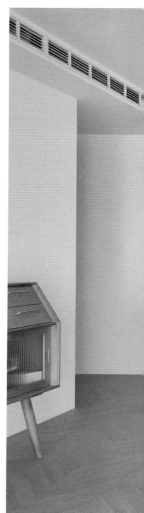

③　餐厅和厨房

餐厅和厨房并没有与客厅分隔开，站在
厨房可以看到整个客餐厅，孩子的一举一动
尽收眼底。

5.3 40m² 的超大亲子游戏空间

户型信息：

120 ㎡（3 室 1 厅 1 厨 2 卫）

家庭结构：

业主夫妇、一个孩子

业主需求：

男主人为一名医生，有在家阅读、办公的需求；女主人则是一位幼儿心理治疗师，希望孩子能够从小参与、学习家庭事务。

① 客餐厅

一进门即可看到客餐厅和儿童游戏区，而视觉上的穿透性可能造成的杂乱无章的问题则仰赖定制的收纳柜解决。餐厅使用复合式多功能餐桌，隐藏式抽屉能容纳桌面上的小物品，以满足办公及用餐需求；桌子下的专用插座可保持桌面美观，又可避免孩子误触。

② 儿童游戏区

进门后右侧为儿童游戏区，拱门与爬梯让孩子在其中穿梭自如。平台下方有一个可放置婴儿推车、学步车等外出及日常用品的空间。滑梯采用可收纳式设计，阶梯与梯面精准密合，推拉时毫不费力。

③ 厨房

橱柜依大人习惯的作业模式分配，依次为干货区、小家电及嵌入式电器；柜体门片皆可完全收纳至两侧缝隙，因此敞开也不影响忙碌时来回奔走的整体动线。通往工作阳台的后门一并使用柜体门片装饰，从而使整墙风格一致，菱格开孔的设计除了在视觉上更活泼外，也可起到对流通风的作用。

④ 儿童房

儿童房只定制了衣柜，连床也没有，就是为了满足孩子的成长需求。将床垫直接摆在地上，因为离地面很近，所以不用担心孩子从床上摔下来会受伤。半开放式的衣柜设计，可以培养孩子自主整理衣服的习惯。

5.4 是家，更是游乐场

户型信息：
138 ㎡（2 室 2 厅 1 厨 3 卫）
家庭结构：
业主夫妇、一个孩子
业主需求：
业主夫妇想把家打造成独一无二的游乐场，在家里放置秋千、滑梯。

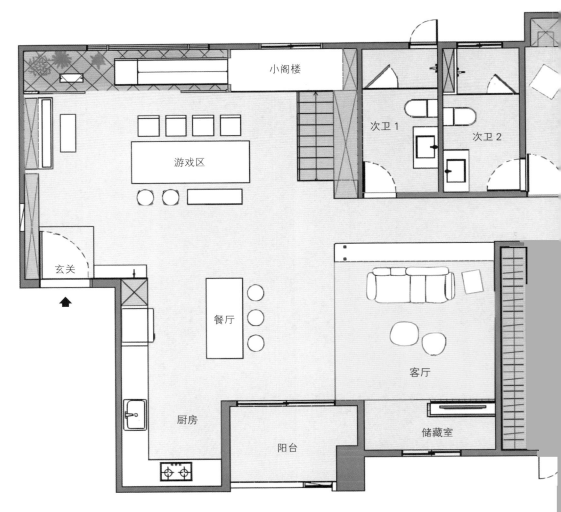

1 玄关

完全开放的玄关看起来似乎没有鞋柜，其实鞋柜就在黑板墙后方，隐藏得非常巧妙，这样可以让空间看起来不那么拥挤，也提高了空间的利用率。

② 游戏区

　　用具有复古感的暖橘色地砖划出一块区域设计出小阁楼，并用滑梯将上下空间以趣味性的方式相联起来。在小阁楼旁边放置一架秋千，为生活增添更多乐趣。通往小阁楼的楼梯与旁边的墙面均具有收纳功能。小阁楼下方铺有软榻，在这里无论是陪孩子游戏，还是为孩子读童话书都相当合适。

③ 客餐厨

　　客厅、餐厅和厨房采用开放式设计，使空间看起来更大。游戏区有多种用途的长桌和钢琴，这里成为一家三口日常的活动空间。浅色木质地板营造了温和自然的轻松氛围。将客厅的地面略做抬升以暗示区域的界定，同样具有区域界定功能的还有展示架。客厅的墙面涂有抹茶绿颜料，在这里摆上浅灰色织物，再搭配清新的浅色木质地板，淡雅的色调构筑了一方静谧的舒适空间。

5.5 属于孩子的秘密基地

户型信息：
130 ㎡（3 室 2 厅 1 厨 2 卫）
家庭结构：
业主夫妇、姐妹俩
业主需求：
业主夫妇希望将家打造成一个理想的亲子活动空间。

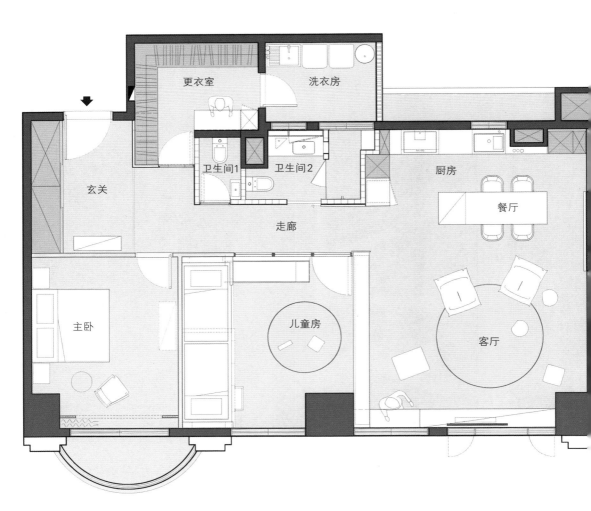

1 走廊

　　一条从玄关开始的蓝色走廊串联起不同的空间。走廊的格局结合后退色蓝色，使得室内空间看起来更开阔。衣服可存放在与洗衣房相连的更衣室中，节省了卧室衣柜的空间。

② 儿童房

儿童房的入口巧妙地设计在客厅书架内，一扇粉红色的小门似乎让人想起《爱丽丝梦游仙境》中的秘密通道入口。儿童房内部开放而宽敞，上层是孩子的秘密基地，下层是床，定制滑梯连接上下两层。靠近走廊的一侧有一个玻璃隔断，方便大人看管年幼的孩子。

③ 客餐厨

　　木质材料和红砖墙均经过仿风化处理，营造出悠闲的田园氛围。厨房与餐厅合并，90cm 高的岛台可用作餐桌，也可用作餐具储藏柜，还可用作书桌。